Étude comparative de quelques méthodes d'évaluation environnementale

Miloudi Kawther

Étude comparative de quelques méthodes d'évaluation environnementale

Éditions universitaires européennes

Impressum / Mentions légales

Bibliografische Information der Deutschen Nationalbibliothek: Die Deutsche Nationalbibliothek verzeichnet diese Publikation in der Deutschen Nationalbibliografie; detaillierte bibliografische Daten sind im Internet über http://dnb.d-nb.de abrufbar.
Alle in diesem Buch genannten Marken und Produktnamen unterliegen warenzeichen-, marken- oder patentrechtlichem Schutz bzw. sind Warenzeichen oder eingetragene Warenzeichen der jeweiligen Inhaber. Die Wiedergabe von Marken, Produktnamen, Gebrauchsnamen, Handelsnamen, Warenbezeichnungen u.s.w. in diesem Werk berechtigt auch ohne besondere Kennzeichnung nicht zu der Annahme, dass solche Namen im Sinne der Warenzeichen- und Markenschutzgesetzgebung als frei zu betrachten wären und daher von jedermann benutzt werden dürften.

Information bibliographique publiée par la Deutsche Nationalbibliothek: La Deutsche Nationalbibliothek inscrit cette publication à la Deutsche Nationalbibliografie; des données bibliographiques détaillées sont disponibles sur internet à l'adresse http://dnb.d-nb.de.
Toutes marques et noms de produits mentionnés dans ce livre demeurent sous la protection des marques, des marques déposées et des brevets, et sont des marques ou des marques déposées de leurs détenteurs respectifs. L'utilisation des marques, noms de produits, noms communs, noms commerciaux, descriptions de produits, etc, même sans qu'ils soient mentionnés de façon particulière dans ce livre ne signifie en aucune façon que ces noms peuvent être utilisés sans restriction à l'égard de la législation pour la protection des marques et des marques déposées et pourraient donc être utilisés par quiconque.

Coverbild / Photo de couverture: www.ingimage.com

Verlag / Editeur:
Éditions universitaires européennes
ist ein Imprint der / est une marque déposée de
OmniScriptum GmbH & Co. KG
Heinrich-Böcking-Str. 6-8, 66121 Saarbrücken, Deutschland / Allemagne
Email: info@editions-ue.com

Herstellung: siehe letzte Seite /
Impression: voir la dernière page
ISBN: 978-3-8417-4834-8

REMERCIEMENTS

*Je souhaite remercier Monsieur **Bechir AFDHAL** pour le temps et pour les nombreux conseils qu'il a su me donner tout au long de mon PFE. Il a su m'exposer clairement les tâches qui devaient être accompli et il m'a donné les outils en m'accordant rapidement sa confiance dans les tâches que j'exécutais. Il a ainsi bien joué le rôle d'encadreur de stage qui lui avait été donné.*

*Je tiens également à remercier Monsieur **Jmail MANSOUR** formateur sécurité, qui m'a honoré en acceptant de présider ce jury, qu'il trouve ici, l'expression de mon très profond respect.*

*Je remercie également Monsieur **Hafedh Riguen** Maitre assistant en minéralogie à la faculté des sciences de Sfax, pour avoir accepté d'être examinateur de ce mastère et pour l'intérêt qu'il a accordé à la lecture de ce manuscrit.*

*J'exprime tous mes respects à Madame **Nesma FKIH** Maitre assistante en géophysique à la faculté des sciences de Sfax, pour son encouragement et son soutien.*

De ce stage, je ne retire que de la satisfaction, non seulement d'un point de vue professionnel mais également d'un point de vue humain.

TABLE DES MATIERES

Liste des abréviations

ANPE : L'Agence Nationale de Protection de l'Environnement

APAL : L'Agence de Protection et d'Aménagement du Littoral

ANGeD : L'Agence Nationale de Gestion des Déchets

CITET : Le centre International des technologies de l'Environnement de Tunis

CNDD : Commission National de Développement Durable

PGE : Plan de Gestion Environnementale

EIA : Environnemental Impact Assessment

EIE : Etude d'impact sur l'environnement

'EIE : Evaluation d'impact sur l'environnement

ONAS: L'Office National d'Assainissement

INTRODUCTION GENERALE

L'activité humaine a toujours eu des impacts sur l'environnement. Les exploitations pétrolières quelle que soit leur échelle, ont induit de profondes modifications du fonctionnement écologique. Cependant, durant de nombreuses années, même si la notion de protection de l'environnement existait, les critères à prendre en compte lors de la conception d'un projet étaient le coût et l'utilité.

Le droit consacré à l'environnement apparaît en 1970 [1] et il rencontrait à l'époque de nombreuses difficultés à être accepté comme un nouveau droit à part entière. Toutefois, il amenait avec lui un principe simple mais révolutionnaire qui consiste à réfléchir avant d'agir. L'étude d'impact, dés son apparition, avait pour objectif la prévention des conséquences écologiques de l'activité humaine. Afin d'y parvenir, l'insertion du projet dans son environnement doit être analysée en mettant en relief les effets qu'il peut avoir sur le milieu naturel et humain, à court, à moyen et à long terme.

Cette démarche va changer les processus de décision dans les administrations. Désormais, l'autorité compétente pour délivrer l'autorisation de réaliser une évaluation pourra s'appuyer sur un autre critère : la préservation du milieu naturel.

D'une manière générale, l'évaluation environnementale est définie comme :

« L'ensemble de la démarche qui est destinée à analyser les effets sur l'environnement d'un projet d'aménagement, d'un programme de développement, d'une action stratégique, de mesurer leur acceptabilité environnementale, d'éclairer les décideurs » [2].

C'est dans le cadre de la protection d'environnement, que s'inscrit mon stage de fin d'étude au sein du bureau d'études FNAC FOR ENVIRNEMENT.

Mon rapport de PFE s'attachera à étudier la notion d'étude d'impact sur l'environnement et de mettre l'accent sur les outils et les méthodologies utilisés lors d'une évaluation environnementale d'un projet pétrolier.

Mon projet de fin d'étude intitulé :

″**Étude comparative de quelques méthodes d'évaluation environnementale**″, comporte les parties suivantes :

- L'entrainement et la formation sur le processus d'études d'impact. Il est basé sur un modèle d'études élaboré par FFE ;
- La participation à l'élaboration d'une EIE;
- L'utilisation et la comparaison de trois méthodes d'évaluation environnementale sur un projet de prospection sismique.

1. ETUDE D'IMAPCT SUR L'ENVIRONNEMENT DANS LE MONDE ET EN TUNISIE

1.1 L'étude d'impact sur l'environnement dans le monde

L'étude d'impact sur l'environnement est une procédure qui, introduite dans les années 1970 en Amérique du Nord, s'est petit à petit intégrée au droit de l'environnement naissant des pays développés. A partir des années 1980, elle s'est progressivement généralisée en s'insérant dans les législations des pays en développement et dans les instruments du droit international de l'environnement. Aujourd'hui, presque tous les Etats qui se dotent d'une loi sur l'environnement y intègrent quasi automatiquement des dispositions sur les études d'impact. On peut dire que, désormais, l'étude d'impact est le principal instrument juridico-scientifique des politiques d'environnement. La double nature de l'étude d'impact est essentielle : elle est à la fois document faisant partie d'une procédure officielle et évaluation scientifique des effets d'un projet ou d'une activité sur l'environnement. En tant que document scientifique, l'étude d'impact a pour objet d'évaluer et d'apprécier les effets d'une activité sur l'environnement et les ressources naturelles au moment de la conception du projet pour tenir compte des conséquences prévisibles et prévoir des remèdes ou des compensations. S'agissant d'une évaluation scientifique concernant l'environnement, celle-ci doit nécessairement être pluridisciplinaire et globale. Elle exige donc un travail de recherche, souvent long et onéreux, qui implique une bonne connaissance du milieu, des inventaires et la présence de scientifiques compétents et formés à ce type d'investigation. En tant que document juridique, il s'agit d'une procédure préalable à la décision administrative, qui est donc insérée dans le processus de décision avant l'autorisation donnée pour un ouvrage ou des travaux affectant l'environnement. Cette procédure implique une publicité de l'étude d'impact afin que le public en général puisse donner son avis sur le projet. L'originalité de cette procédure est de contribuer de façon plus ou moins efficace à ce que les décideurs publics et privés intègrent l'environnement dans leur stratégie d'action et éviter ainsi que des travaux ou ouvrages ne dégradent irrémédiablement

7

l'environnement. De ce fait, l'étude d'impact a une double finalité qui correspond à la mise en œuvre de ce qui est aujourd'hui considéré comme des principes fondamentaux du droit de l'environnement valables, aux plans international et national.

L'étude d'impact est un instrument de mise en œuvre à la fois du principe de prévention et du principe du développement durable. Le principe de prévention est probablement le plus ancien des principes du droit de l'environnement. Face aux catastrophes écologiques et pour ne pas les voir se répéter, les états doivent prévoir les conséquences de leurs actes. L'instrument habituel de la prévention est l'autorisation préalable pour les activités ponctuelles et la planification pour la prévision des actions d'environnement. En effet, même si les responsables pouvaient réfléchir aux conséquences de leurs actes sur l'environnement, l'absence d'une étude formelle et approfondie empêchait une prise en compte sérieuse de l'environnement. C'est pourquoi l'étude d'impact, en tant que procédure formelle et organisée, est apparue indispensable pour garantir une prévention qui soit autre chose qu'une déclaration d'intention. La Déclaration de Rio de Janeiro sur l'environnement et le développement de juin 1992 a d'ailleurs consacré l'étude d'impact comme instrument essentiel des politiques d'environnement. [3]

Le principe du développement durable est quant à lui le plus récent des principes du droit de l'environnement. Issu du rapport Bruntland *"Notre avenir à tous"*, il a été consacré par les principes 3 et 4 de la Déclaration de Rio de Janeiro. Il était d'ailleurs déjà exprimé en d'autres termes dans la Déclaration de Stockholm de 1972. La principale conséquence du principe du développement durable exprimée très clairement dans le principe 4 de la Déclaration de Rio de Janeiro et la suivante: "Pour parvenir à un développement durable, la protection de l'environnement doit faire partie intégrante du processus de développement et ne peut être considérée isolément". Cette intégration de l'environnement dans les politiques sectorielles a besoin d'un instrument juridique -l'étude d'impact-, qui soit appliqué à la fois aux plans et programmes et aux activités et ouvrages. L'approche intégrée de l'environnement, devenue un thème majeur de tous les documents internationaux sur l'environnement, ne peut se réaliser que grâce à des adaptations Institutionnelles complexes permettant à l'environnement d'être représenté dans toutes les structures administratives de décision et grâce à une procédure d'étude d'impact s'insérant dans toutes les décisions affectant l'environnement.

1.2 L'étude d'impact sur l'environnement en Tunisie

La préservation durable de l'écosystème occupe une place de choix au niveau des stratégies économiques et sociales de notre pays, animée par une politique volontariste en vue de réaliser un équilibre optimal entre les exigences du développement d'une part, et la protection et l'exploitation rationnelle des ressources naturelles dans le cadre d'un développement durable qui permet aux générations présentes et futures d'en profiter, d'autre par. Dans ce sens, la Tunisie a adopté et continue à adopter des stratégies et des approches permettant la conservation de l'environnement.

1.2.1 Le cadre institutionnel

L'Etat Tunisien s'est engagé depuis plusieurs décennies pour le développement des capacités institutionnelles du pays avec la création de l'ONAS, d'un Ministère chargé de l'Environnement, de l'Agence Nationale de Protection de l'Environnement (ANPE), de l'Agence de Protection et d'Aménagement du Littoral (APAL) et du Centre International des Technologie de l'Environnement (CITET).

- **L'Office National d'Assainissement (ONAS)**

  L'ONAS a été créé en vertu de la loi n° 73/74 en date du 3 août 1974, avec pour mission d'assurer la gestion du secteur de l'assainissement.

  L'ONAS a pour missions :
  - La lutte contre les sources de pollution hydrique ;
  - La gestion, l'exploitation, l'entretien, le renouvellement et la construction de tout ouvrage destiné à l'assainissement des villes dont la prise en charge est fixée par décret ;
  - La promotion du secteur de distribution et de la vente des eaux traitées et des boues des stations d'épuration ;
  - La planification et la réalisation des projets d'assainissement ;
  - L'élaboration et la réalisation de projets intégrés portant sur le traitement des eaux usées et l'évacuation des eaux pluviales [4].

- **L'Agence Nationale de Protection de l'Environnement**, a été créée en 1988 par la loi n°88-91du 2 aout 1988, sous tutelle du Ministère de l'Environnement et du Développement Durable, [4] est l'organisme chargé de veiller à l'intégrité du processus de préparation, examen et approbation des évaluations et pratiques en Tunisie. L'ANPE veille à l'application des textes réglementaires relatifs à la protection de l'environnement, de préparer les termes de références nécessaires pour la préparation des Etudes d'Impact sur l'Environnement et des cahiers des charges et d'examiner les rapports des Etudes d'Impact sur l'Environnement et les cahiers des charges.

L'Agence Nationale de Protection de l'Environnement a pour responsabilité aussi, le contrôle de la pollution à la source, le suivi de la qualité de l'air, l'accord technique pour le contrôle de la pollution des projets et leur promotion pour l'allocation des avantages financiers et fiscaux, la gestion des fonds antipollution et la gestion des parc urbains. [5]

- **L'Agence de Protection et d'Aménagement du Littoral (APAL)**
  La loi de création de l'APAL a été promulguée le 24 juillet 1995 sous le numéro 95-72
  Ses principaux domaines d'intervention concernent:
  - La gestion des espaces littoraux et le suivi des opérations d'aménagement ;
  - La régularisation et l'apurement des situations foncières ;
  - L'élaboration des études relatives à la protection du littoral;
  - L'observation de l'évolution des écosystèmes littoraux [6].

- **Le centre International des technologies de l'Environnement de Tunis (CITET)**
  Crée en 1996, il est placé sous la tutelle du Ministère de l'Environnement et du Développement Durable.
  Les missions principales du CITET sont :
  - Le renforcement des capacités humaines et institutionnelles de la Tunisie et des pays de la région dans le domaine de la protection de l'environnement ;
  - L'acquisition, l'adaptation et le transfert des écotechnologies et la promotion des technologies propres ;
  - L'assistance technique aux entreprises industrielles pour les aider à mieux intégrer le management environnemental dans leur gestion globale ;
  - La collecte et la diffusion de l'information sur la protection de l'environnement [7].

- **L'Agence Nationale de Gestion des Déchets (ANGeD)**
  L'Agence Nationale de Gestion des Déchets "ANGeD" est un établissement public à caractère non administratif créé en vertu du décret n°2005-2317 du 22 août 2005.
  L'ANGed est chargée essentiellement de :

- Contribuer à l'élaboration des programmes nationaux en matière de gestion des déchets ;
- Proposer aux autorités compétentes toute mesure revêtant un caractère général ou particulier et destinées à assurer la mise en œuvre de la politique de l'Etat en matière de gestion des déchets ;
- Proposer l'instauration des mécanismes et d'incitations économiques en vue d'atteindre les objectifs prévues dans le cadre de la stratégie nationale de gestion des déchets ;
- Participer à l'élaboration des textes législatifs et réglementaires relatifs à la gestion des déchets ;
- Réaliser et exécuter les projets et les procédures inscrites dans les programmes nationaux de gestion des déchets ;
- Aider les municipalités, les industriels et tous les intervenants dans le domaine de gestion des déchets;
- Gérer les systèmes publics de gestion des déchets créés par le décret 97-1102 du 2 juin 1997 fixant les conditions et les modalités de reprise et de gestion des sacs d'emballage et des emballages utilisés, tel qu'amendé par le décret 2001-843 du 10 avril 2001, et par le décret 2002-693 du 1er avril 2002 relatif aux conditions et aux modalités de reprise des huiles lubrifiantes et des filtres à huile usagés et de leur gestion, ainsi que les systèmes publics créés conformément à la législation et à la réglementation en vigueur;
- Promouvoir le partenariat entre tous les intervenants dans le domaine de gestion des déchets, et notamment entre les collectivités locales, les industriels et les privés ;
- Promouvoir les systèmes et les programmes et de collecte, recyclages et de valorisation des déchets ;
- Gérer et maintenir les ouvrages spécifiques relatifs aux déchets dangereux réalisés par l'Etat;
- Contribuer à la consolidation des compétences nationales dans le domaine de gestion des déchets ;
- Participer dans le cadre de la coopération internationale à la recherche des financements nécessaires pour l'exécution des programmes et la réalisation des projets relatifs à la gestion des déchets;
- Préparer les cahiers des charges et les dossiers des autorisations relatifs à la gestion des déchets prévus à la réglementation en vigueur et suivre leur exécution [8].

2. CADRE D'INSERTION DE L'EIE DES PROJETS PETROLIERS

2.1 Projets soumis à la procédure d'EIE

Le décret n°362-1991 du 31 mars 1991 a réglementé les procédures d'élaboration et d'approbation des EIE. Ce décret a été abrogé par le décret N°1991 du 11 juillet 2005 relatif aux études d'impacts et fixant les catégories d'unités soumises à l'étude d'impact sur l'environnement et les catégories d'unités soumises aux cahiers des charges. Ce cadre juridique comprend, en outre, l'Arrêté du Ministre de l'Environnement et du Développement Durable du 8 mars 2006 portant approbation des cahiers des charges relatifs aux procédures environnementales que le maître de l'ouvrage ou le pétitionnaire doit respecter pour les catégories d'unités soumises aux cahiers des charges.

Le décret 2005-1991 a défini deux catégories de projets [9] :

- Les unités énumérées dans l'annexe I du décret, sont obligatoirement soumises à une EIE ;
- Les unités énumérées dans l'annexe II du décret, sont soumises à des cahiers des charges qui fixent les mesures environnementales que le maître de l'ouvrage ou le pétitionnaire doit respecter.

2.2 Cadre réglementaire

2.2.1 Exploration pétrolière

- Loi n° 66-27 du 30 avril 1966 portant promulgation du code du travail. Ce dernier définit les rôles des exploitants et de l'Administration dans ce domaine et fixe les règles pour la prévention des pollutions et des risques industriels.
- Loi n° 90-56 du 18 juin 1990 portant encouragement à la recherche et à la production d'hydrocarbures liquides et gazeux.
- Loi n° 97-37 du 2 Juin 1997, fixant les règles organisant le transport par route des matières dangereuses afin d'éviter les risques et les dommages susceptibles d'atteindre les personnes, les biens et l'environnement. Les matières dangereuses sont divisées en 9 classes. La liste et la définition des matières, de chaque classe, autorisées au transport par route, sont fixées par décret.
- Loi n° 99-93 du 17 août 1999, portant promulgation du Code des Hydrocarbures, tel que modifié et complété par la Loi n° 2002-23 du 14 février 2002 qui définit le régime

juridique des activités de Prospection Préliminaire, de Prospection, de Recherche et d'Exploration des Hydrocarbures, ainsi que celui des ouvrages et installations permettant l'exercice de ces activités. Le Titulaire d'un Permis de Prospection ou d'un Permis de Recherche et/ou d'une Concession d'Exploitation est tenu d'entreprendre ses Activités de Recherche et/ou d'Exploitation en se conformant à la législation et la réglementation en vigueur relative aux domaines techniques, à la sécurité, à la protection de l'environnement, à la protection des terres agricoles, des forêts et des eaux du domaine public. A défaut de réglementation applicable, le Titulaire se conformera aux règles, critères et saines pratiques en usage dans un environnement similaire dans l'Industrie Pétrolière. Il est tenu de même :

- d'élaborer une étude d'impact sur l'environnement conformément à la législation et à la réglementation en vigueur, qui devra être agréée, préalablement à chaque phase de ses travaux de recherche et d'exploitation ;

- de prendre toutes les mesures en vue de protéger l'environnement et de respecter les engagements pris dans l'étude d'impact telle qu'approuvée par l'Autorité Compétente.

- Lorsque le Titulaire d'une Concession d'Exploitation envisage de mettre fin à ses activités d'exploitation, il est tenu de remettre en l'état initial les surfaces rendues et/ou les sites d'exploitation abandonnés de telle manière qu'aucun préjudice ne soit porté à court ni à long terme à la sécurité des tiers, à l'environnement et aux ressources, et ce, conformément à la législation et la réglementation en vigueur. L'abandon, le démantèlement et l'enlèvement des installations pétrolières en mer ainsi que la remise en état de sites situés en milieu marin, doivent obéir à la législation et à la réglementation en vigueur ainsi qu'aux normes, et conventions internationales ratifiées par l'Etat Tunisien. De même, le Titulaire est tenu de présenter un plan d'abandon fixant les conditions d'abandon et de remise en état du site. Le plan doit être approuvé conjointement par les autorités compétentes.

- Décret n° 2000-967 du 2 mai 2000, fixant les coordonnées géographiques et les numéros des repères des sommets des périmètres élémentaires constituant les titres des hydrocarbures.

2.2.2 Lutte contre la pollution du milieu récepteur et gestion des déchets

- Loi n° 75-16 du 31 mars 1975 portant promulgation du Code des Eaux qui contient diverses dispositions qui régissent, sauvegardent et valorisent le domaine public hydraulique. Selon les termes de l'article 109 de ce code, il est interdit de laisser écouler, de déverser ou de jeter dans les eaux du domaine public hydraulique, concédées ou non, des eaux résiduelles ainsi que des déchets ou substances susceptibles de nuire à la salubrité publique ou à la bonne utilisation de ces eaux pour tous usages éventuels.

- Décret n° 85-56 du 2 janvier 1985 portant organisation des rejets dans le milieu récepteur. Les eaux usées ne peuvent être déversées dans le milieu récepteur qu'après avoir subi un traitement conforme aux normes régissant la matière.

- Loi n° 96-41 du 10 juin 1996, relative aux déchets et au contrôle de leur gestion et de leur élimination. Les déchets sont classés selon leur origine en déchets ménagers et déchets industriels et selon leurs caractéristiques en déchets dangereux, déchets non dangereux et déchets inertes. Le mode de gestion des déchets dangereux est réglementé.

- Décret n° 2000-2339 du 10 octobre 2000, fixant la liste des déchets dangereux.

- Décret n° 2002-693 du 1er avril 2002, fixant les conditions et les modalités de reprise des huiles lubrifiantes et des filtres usagés en vue de garantir leur gestion rationnelle et d'éviter leur rejet dans l'environnement.

- Arrêté du Ministre de l'environnement et du développement durable du 23 mars 2006, portant création d'une unité de traitement des déchets dangereux et de centres de réception, de stockage et de transfert.

- Loi n° 2007-34 du 4 juin 2007, visant à prévenir, limiter et réduire la pollution de l'air et ses impacts négatifs sur la santé de l'Homme et sur l'environnement ainsi qu'à fixer les procédures de contrôle de la qualité de l'air, afin de rendre effectif le droit du citoyen à un environnement sain et assurer un développement durable.

2.2.3 Protection des ressources biologiques et agricoles

- Loi n° 61-20 du 31 mai 1961, portant interdiction de l'abattage et de l'arrachage des oliviers telle qu'elle a été modifiée par la loi n°2001-119 du 6 décembre 2001. Selon les termes de l'article I de cette loi, l'abattage et l'arrachage des oliviers sont soumis à l'autorisation du gouverneur.

- Loi n° 88-20 du 13 avril 1988 telle que modifiée et complétée par la Loi n° 2005-13 du 26 janvier 2005, portant refonte du Code Forestier qui comporte l'ensemble des règles spéciales s'appliquant aux forêts, nappes alfatières, terrains de parcours, terres à vocation forestière, parcs nationaux et réserves naturelles, à la faune et à la flore

14

sauvage, dans le but d'en assurer la protection, la conservation et l'exploitation rationnelle et aussi de garantir aux usagers l'exercice légal de leurs droits.

- Loi n° 2003-78 du 29 décembre 2003, modifiant et complétant le code de l'aménagement du territoire et de l'urbanisme. L'article 25 définit le domaine public hydraulique.

- Arrêté du ministre de l'Agriculture et des Ressources Hydrauliques du 19 juillet 2006, fixant la liste de la faune et de la flore sauvage rares et menacées d'extinction.

2.2.4 Protection du patrimoine historique et culturel

- Loi n° 94-35 du 24 Février 1994, relative au code du patrimoine archéologique, historique et des arts traditionnels. En cas de découvertes fortuites de vestiges concernant des époques préhistoriques ou historiques, des arts ou des traditions, l'auteur de la découverte est tenu d'en informer immédiatement les services du Ministère chargé du Patrimoine ou les autorités territoriales les plus proches afin qu'à leur tour, elles en informent les services concernés et ce, dans un délai ne dépassant pas cinq jours à compter de la date de la découverte. Les autorités compétentes prennent toutes les mesures nécessaires à la conservation et veilleront, elles-mêmes, si nécessaire, à la supervision des travaux en cours.

2.2.5 Normes tunisiennes

- Arrêté du Ministre de l'Economie Nationale du 20 juillet 1989 portant homologation de la norme tunisienne NT 106.002 relative aux rejets d'effluent dans le milieu hydrique qui fixe en particulier les conditions de rejet dans le domaine public hydraulique.

- Arrêté du Ministre de l'Economie Nationale du 28 décembre 1994 portant homologation de la norme tunisienne NT 106.04, relative aux valeurs limites et valeurs guides des polluants dans l'air ambiant [9].

2.3 Contenue d'une EIE d'un projet pétrolier

Conformément à ce qui a été stipulé dans l'article 6 du décret 2005-1991, le contenu de l'EIE doit refléter l'incidence prévisible de l'unité sur l'environnement et doit comprendre au minimum les éléments suivants :

2.3.1 Résumé non technique

Il comprend :

- Présentation du projet à réaliser ;
- Précession des délais a respecté ;
- Description des étapes du projet ;
- Brève présentation de l'état initial de la zone d'étude.

2.3.2 Présentation des intervenants et du permis

Cette partie contient une :

- Présentation du titulaire et de l'operateur ;
- Présentation de la zone d'étude ;
- Présentation du permis ;
- Présentation du contractant et du bureau d'étude.

2.3.3 Cadre réglementaire

Le rapport doit fournir la réglementation nationale correspondant aux lois, décrets, arrêtés, conventions et protocoles.

2.3.4 Délimitation de la zone d'étude

A ce stade où l'étendu géographique de l'impact du projet n'a pas été encore identifié, il est nécessaire pour l'analyse de l'état initial du site de définir le périmètre de l'étude. Il doit inclure:

- les zones d'impacts potentiels ;
- les éléments sensibles.

2.3.5 Description du projet

Cette partie concerne la description détaillée du projet, elle inclut :

- L'objectif du projet ;
- Les grandes caractéristiques techniques du projet du stade initial à sa réalisation ;
- Les différentes phases nécessaires pour la réalisation de l'étude ;
- L'équipe de travail et l'accès à la zone d'étude ;

2.3.6 Analyse de l'état initial du site

L'analyse de l'état initial est une phase indispensable et déterminante pour la qualité et l'utilité de l'étude d'impact. En effet, avant la mise en place du projet, il est nécessaire d'étudier les différentes composantes du milieu pouvant être affectées par le projet. Cette phase est la base des prévisions des impacts mais n'est jamais une fin en soi. Elle doit répondre à des critères de pertinence vis à vis du problème posé et non d'exhaustivité.

L'analyse de l'état initial concerne les milieux naturels et socioéconomiques.

2.3.6.1. Le milieu naturel

Cette partie décrit l'environnement naturel et inclue notamment :

Les éléments physiques

- données climatiques pouvant influencer la conception du projet;
- données topographiques et morphologiques :
- localisation des zones inondables et plan d'exposition aux risques;
- zones de ressources en matériaux et minerais ;
- paysage naturel.

Les éléments biologiques

- répartition des milieux naturels et identification des écosystèmes ;
- localisation des milieux les plus riches ;
- inventaire des réserves naturelles, des réserves de chasse et de pêche, des arrêtés de biotopes ;
- identification des principaux axes de déplacement des animaux ;
- inventaire et qualité des espèces formant le couvert végétal naturel ;
- qualité biologique et piscicole des principaux cours et plans d'eau.

2.3.6.2 Le milieu socioéconomique

Comporte :

- La cadre humain ;
- Infrastructure routière ;
- Activité économique ;
- Occupation du sol ;

- Patrimoine culturel.

2.3.7 Justification environnementale du projet

Il sera ici question de la justification des choix environnementaux des éléments importants du projet.

2.3.8 Impacts environnementaux

Cette partie comporte :
- L'identification et l'évaluation des répercussions environnementales ;
- L'analyse de ces impacts.

2.3.9 Mesures d'atténuation

On doit prendre en compte :
- Les mesures organisationnelles ;
- Les mesures préventives ;
- Les mesures intégrées ;
- Les mesures de sécurité ;
- Les impacts résiduels et le cout des mesures d'atténuation.

2.3.10 Plan de gestion environnementale(PGE)

Le PGE est élaboré dans le but de s'assurer que les risques environnementaux sont adéquatent identifies et gérés et que les impacts négatifs sont atténués, minimisés et surveillés [10].

3. ETUDE DE CAS : EVALUATION ENVIRONNEMENTALE D'UN PROGRAMME SISMIQUE

Dans ce chapitre, on va appliquer quelques méthodes d'évaluation environnementale sur un projet de prospection sismique. L'objectif est de faire une comparaison entre ces différentes méthodes en se basant sur la méthode utilisée par FFE.

3.1. Description du projet et détermination les impacts potentiels

3.1.1 Description du projet

Le projet consiste en une campagne sismique 3D à l'explosif effectuée dans le permis Sud Tozeur. Cette campagne sismique a comme objectifs d'affiner la connaissance du sous sol en question, d'apprécier les structures pétrolifères potentielles en place et planifier le prochain forage d'exploration et de développement. En effet, la présente campagne sismique, comprend les étapes suivantes :

- Travaux topographiques et GPS ;
- Acquisition des données : elle consiste à disposer des capteurs ou géophones à la surface du sol et relier par câble à des amplificateurs, à un ensemble de digitalisation et à un système d'enregistrement, tous situés dans un camions laboratoires ;
- Traitement sismique et interprétation des données.

Le programme de prospection sismique consiste en l'acquisition à l'explosif d'une zone de 200km² se trouvant au Nord-est du permis Sud Tozeur. Tenant compte des contraintes de terrain, on a opté pour la dynamite comme source d'énergie. A cet effet un atelier sismique escorté par la garde nationale et gardé et comportant tout les moyens de prévention et de protection du personnel et des infrastructures sensibles de la zone de tir sera mobilisé. Les tirs seront effectués dans des trous de 10 m de profondeur avec une charge de 4kg. Simultanément et pour des raisons de calage du modèle de la vitesse de propagation de signal prés des couches de surface, quelque dizaines de carottages sismique ne dépassant par les 50 m de profondeur seront réalisés. Dans ce cas, la source d'énergie utilisée sera la chute de poids.

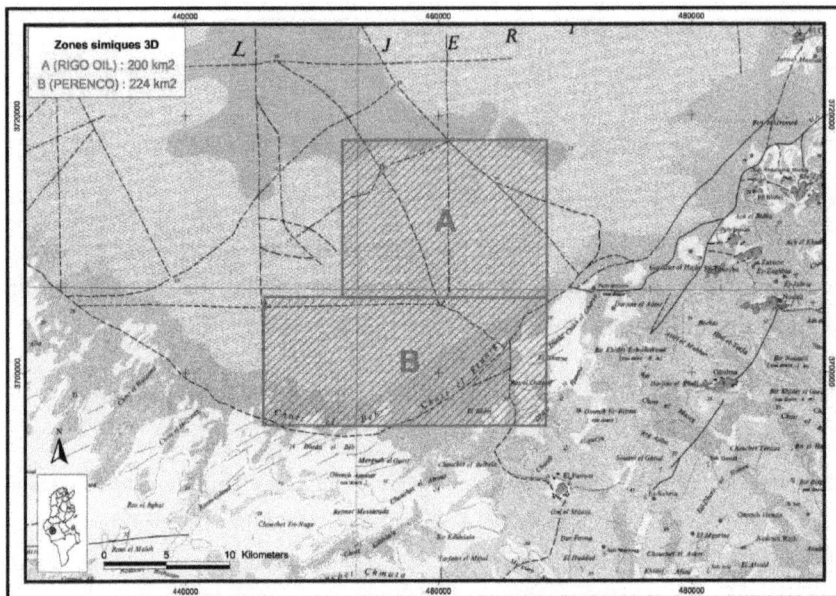

Figure 1 : Etendue de la campagne sismique

3.1.2 Zone d'impact potentiel

Pour l'évaluation des répercussions de la campagne sismique projetée sur l'environnement deux zones d'impact ont été distinguées :

- La zone d'acquisition sismique proprement dite qui sera touchée directement par le programme d'acquisition sismique et qui couvre 200km². Cette zone a fait l'objet d'une visite de terrain en vue d'établir un état de référence qui servira dans l'évaluation environnementale.

- Une zone secondaire plus large qui s'étend des régions concernées par l'acquisition sismique et dans la quelle seront ressentis les impacts indirects de la campagne.

3.1.3 Composantes du projet

Le projet a été divisé en quatre composantes principales susceptibles d'engendrer des répercussions sur les différents éléments du milieu. Ces composantes sont les suivantes :

- La mobilisation des équipements ;
- L'aménagement du camp de base ;

20

- L'acquisition sismique ;
- La remise en état des lieux.

3.1.4 Éléments récepteurs

La connaissance du milieu permet de faire ressortir les éléments susceptibles d'être touchés par l'une ou l'autre des composantes du projet. Ces éléments sont les suivants :

Milieu physique
- Sol ;
- Aquifères ;
- Air.

Milieu biologiques
Flore et faune.

Milieu socioéconomique
- Trafic routier ;
- infrastructures pétrolières ;
- points d'eau ;
- hygiène et sécurité au travail ;
- économie régionale et nationale.

3.2 Application de quelques méthodes d'évaluation environnementale

Il existe plusieurs méthodes d'évaluation environnementale dont on cite :
- La grille de contrôle (utilisée par FFE) ;
- La matrice de Léopold ;
- La matrice d'interaction potentielle ;
- La check liste.

3.2.1 Grille de contrôle

La grille de contrôle est la méthode utilisée par FFE pour évaluer les impacts environnementaux. Afin d'appliquer cette méthode, le projet a été divisé en ses principales composantes qui ont été confrontées aux différents éléments du milieu récepteur à l'aide de la grille de contrôle qui a servi à identifier les répercussions ou impacts prévisibles du projet. Il est à noter qu'une répercussion peut être positive ou négative. Une fois identifiés, les impacts potentiels ont été décrit et analysés afin d'en évaluer l'importance relative au moyen de critères qualitatifs.

3.2.1.1 Identifications des impacts
Dans le but de dégager les interrelations prévisibles entre les différentes composantes du projet et les éléments du milieu récepteur, une grille de contrôle a été préparée (Tableau 1). Cette grille a été conçue de façon à disposer les composantes du projet et les éléments du milieu sous la forme d'un tableau à deux entrées. Chaque composante du projet est ainsi confrontée à chacun des éléments de la grille de contrôle afin de faciliter l'indentification des différents impacts.

3.2.1.2 Evaluation des impacts
Chaque interrelation identifiée dans la grille de contrôle représente un impact du projet. La description et l'évaluation de ces impacts s'effectuent en tenant compte de deux critères, soient le type d'impact et son importance [10].

Type d'impact
Le type d'impact fait référence au caractère positif (amélioration) ou négatif (détérioration).

Importance de l'impact
L'importance de chaque impact a été cotée « très faible », « faible », « moyenne » ou « forte », selon les conséquences appréhendées. La cote a été évaluée en tenant compte du degré de perturbation, de la valeur relative des éléments et de la durée de la perturbation.
Le tableau 2 présente les grilles d'évaluation de l'importance de chacun des impacts. La première étape consiste à préciser le degré de perturbation engendré par une composante du projet selon l'étendue et l'intensité prévue de cette perturbation (grille I).

Tableau 1 : grille de contrôle

Eléments du milieu		Composantes du projet			
		Mobilisation des équipements	Aménagement du camp de base	Tirs sismique	Remise en état des lieux
Milieu physique	Acquières	-	√*	√	√
	Sols	√	√	-	√
	Air	√	√	-	√
Milieu biologique	Flore et Faune	√	√		√
Milieu Socio-économique	Trafic routier	√	-	√*	√
	Infrastructures pétrolières	√*	-	√*	-
	Points d'eau	√*	-	√*	-
	Hygiène et sécurité au travail	√*	√*	√*	√/√*
	Economie régionale et nationale	√	√	√	√

Notes : les cases marquées d'un « √ » identifient les éléments du milieu récepteur susceptible de subir un impact par telle ou telle composante du projet.
(√ : impact positif – √ : impact négatif - √* : impact accidentel)

Faculté des Sciences de Sfax B.P 1171 -3000 Tél : 74 276 400 Fax : 74 274 437
Site Web : www.fss.rnu.tn - E-mail : fss@fss.rnu.tn

Une fois le degré de perturbation connu, celui-ci est mis en relation avec la valeur de l'élément du milieu récepteur (grille II) et la durée de la perturbation (temporaire ou permanente). On obtient ainsi l'importance globale de l'impact (grille III).

Tableau 2 : évaluation de l'importance de l'impact

Grille I : Détermination du degré de perturbation			
Intensité de la perturbation	**Etendue**		
	Ponctuelle	Locale	Régionale
Faible	1	1	2
Moyenne	2	2	3
Forte	2	3	3
Grille II : Valeur relative des éléments du milieu			
Valeur	**Elément du milieu**		
Faible	Sols Air		
Moyenne	Flore et faune Points d'eau Trafic routier Economie régionale et nationale		
Grande	Aquifères Infrastructures pétrolières Hygiène et sécurité au travail		

Grille III : Détermination de l'importance globale de l'impact avant l'application des mesures d'atténuation						
Valeur de l'élément du milieu	**Effets temporaires**			**Effets permanents**		
	Degré de perturbation			Degré de perturbation		
	1	2	3	1	2	3
Faible	Très faible	Faible	Faible	Faible	Faible	Moyenne
Moyenne	Faible	Faible	Moyenne	Faible	Moyenne	Forte
Grande	Faible	Moyenne	Forte	Moyenne	Forte	Forte

L'intensité, l'étendue, la durée d'une perturbation et la valeur d'un élément du milieu sont déterminées de la façon suivante :

Intensité d'une perturbation

L'intensité d'une perturbation peut être qualifiée de faible, moyen ou fort. Une perturbation de **faible intensité** altère ou améliore de façon peu perceptible un ou plusieurs éléments environnementaux, sans modifier significativement leur utilisation, leurs caractéristiques ou leur qualité. Une perturbation d'**intensité moyenne** modifie un ou plusieurs éléments environnementaux et en réduit (ou en augmente) légèrement l'utilisation, le caractère spécifique ou la qualité.

Enfin, une perturbation de **forte intensité** altère de façon significative un ou des éléments environnementaux, remettant en cause leur intégrité ou diminuant considérablement leur utilisation, leurs caractéristiques ou leur qualité. De son côté, une répercussion positive améliore sensiblement l'élément ou en augmente la qualité ou l'utilisation.

Etendue d'une perturbation

L'étendue dépend de l'ampleur de l'impact considéré et/ou du nombre de personnes touchées. Elle peut être ponctuelle, locale ou régionale. Une **étendue ponctuelle** réfère à une perturbation bien circonscrite, touchant une faible superficie ou encore, utilisé ou perceptible par quelques individus seulement. Une **étendue locale** fait référence à une perturbation qui touche une grande partie de la zone d'étude ou qui affecte plusieurs individus. Finalement, une **étendue régionale** se rapporte à une perturbation qui touche de vastes superficies ou des communautés importantes.

Durée d'une perturbation

La durée d'une perturbation peut être temporaire ou permanente. Dans le cadre de cette étude, les perturbations, dont les effets durent moins d'une année, ont été considérées temporaires et celles s'étendant au-delà de cette période ont été considérées permanentes.

Valeur d'un élément du milieu

La valeur relative d'un élément du milieu fait référence à sa rareté, son unicité, sa sensibilité et son importance pour la société. La valeur varie de faible à forte, elle est jugée d'après le cadre environnemental dans lequel se situe le projet en prenant en compte les préoccupations du milieu. L'évaluation de la valeur de ces éléments dépend de la zone d'étude et pourrait différer dans un autre contexte.

Impacts résiduels

A la suite de l'évaluation des impacts, en termes de type et d'importance, il est admis qu'un impact négatif peut souvent être corrigé entièrement ou partiellement à l'aide d'une ou de plusieurs mesures d'atténuation. Ces mesures seront donc proposées et l'évaluation globale du projet sera effectuée sur la base des impacts résiduels, soit ceux qui persisteront après l'application de ces mesures d'atténuation

3.2.1.3 Interprétation la grille de contrôle

- **Milieu physique**

Impact sur les aquifères

Les ressources hydrogéologiques de la zone de prospection sismique sont réparties sur deux aquifères :

- la nappe phréatique de Nefzaoua Occidentale qui présente un niveau statique de 5 à 10 m et un aquifère de 10 à 20 m de profondeur ;
- la nappe semi-captive du complexe terminal qui présente un toit variant entre 50 et 60 m de profondeur.

Afin d'évaluer l'impact des tirs à la dynamite sur ces aquifères, nous nous sommes basés sur les informations fournies par l'Arrondissement des Ressources en Eau du CRDA de Kébili au cours de la dernière campagne sismique 2D de 2005 Il faut noter que depuis, aucun changement dans l'aspect hydrodynamique de ces aquifères n'a été constaté.

Les trous de tir à l'explosif seront forés à une profondeur de 10 m. Cette profondeur se trouve à plus de 40 m du toit de la nappe semi-captive du Complexe Terminal. Cette couche de sol d'une quarantaine de mètres est largement suffisante pour éviter les répercussions sur la structure de cet aquifère. Quant au risque d'interférence entre aquifères que pourrait poser les tirs sismiques, les études hydrogéologiques ont montré que la nappa phréatique superficielle est alimentée par celle sous-jacente (DGRE, 2005). En réalité, l'alimentation de la nappe phréatique s'effectue principalement par drainance verticale des eaux de la nappe du Complexe Terminal jaillissante sous-jacente et au cours des épisodes pluvieux exceptionnels.

Pour les upholes, la profondeur des trous, qui seront forés en utilisant uniquement de l'eau et de la bentonite, ne dépassera guère les 50 m. Pour ce faire, l'opérateur a mis en place un plan de contingence pour contrôler toute remontée d'eau au cours des opérations de forage. Une fois survenue, l'équipe de forage procédera immédiatement au bouchage du trou par obturation à l'aide d'un ballon gonflable, injection du ciment prise rapide et fermeture du trou jusqu'à la surface à l'aide du ciment.

Considérant l'énergie de la charge explosive utilisée (4 kg) dans chaque trou, les profondeurs des aquifères et les mesures procédurales prises par l'opérateur au cours du forage des upholes, l'intensité de l'impact est jugée faible. De valeur environnementale forte, d'étendue locale et de durée limitée, l'importance de l'impact des tirs sismiques sur les ressources en eaux souterraines est jugée *faible à très faible.*

Impact sur le sol

La circulation des véhicules tout-terrain et des foreuses sur chenilles et les travaux d'installation du camp de base auront comme résultat une érosion localisée et limitée du sol qui est déjà soumis à une érosion naturelle, due à l'énergie éolienne, à la fragilité des sols et à l'absence de couverture végétale.

Vu l'utilisation uniquement de l'eau et de la bentonite au cours des opérations de forage des upholes, aucun risque affectant la qualité des sols n'est appréhendé. Quant au camp de base, une faible superficie d'un terrain dépourvu déjà de toute végétation sera aménagée et remis en état à l'abandon.

Compte tenu de ce qui précède, l'intensité de l'impact est considérée faible. Considérant la faible valeur environnementale de cette composante du milieu, l'étendue locale et la durée temporaire de l'impact, l'importance de l'impact est évaluée *très faible.*

Impact sur l'air ambiant

Sans considérer l'aspect généralement humide du sol, le programme d'acquisition sismique engendrera une petite quantité d'émissions atmosphériques rapidement dispersées dans une zone désertée de faible étendue. Ces émissions sont essentiellement engendrées par la combustion des carburants par les engins roulants et fixes, utilisés aussi bien au cours de l'acquisition sismique que dans le camp de base.

Compte tenu de la faible intensité de la perturbation, de son étendue locale, de la faible valeur attribuée à cet élément du milieu et de la durée temporaire des rejets atmosphériques, l'importance de cet impact est jugée *très faible*.

- **Milieu biologique**

La zone de prospection sismique est très pauvre du point de vue diversité spécifique aussi bien en ce qui concerne la flore que la faune associée.

Les impacts potentiels proviennent essentiellement de l'aménagement du camp de base qui va s'accompagner par une réduction du couvert végétal et une destruction d'un certain nombre de terriers d'animaux. Les tirs sismiques dans les faibles étendues qui peuvent abriter quelques espèces de faune vont perturber temporairement la quiétude de ces dernières. Les Oiseaux et les grands Mammifères tels que le sanglier et qui sont capables d'effectuer de grands déplacements, vont trouver refuge dans d'autres milieux similaires. Par contre, parmi les espèces locales représentées par quelques reptiles et rongeurs, celles se trouvant à proximité des trous de tir, pourraient être sérieusement touchées.

Etant donné que la zone de prospection sismique constitue une partie d'une zone plus vaste représentant presque les mêmes peuplements faunistiques et floristiques, et en prenant en considération que la perte ou le recul temporaire de la densité des peuplements ne modifie pas l'équilibre écologique de la région, l'intensité de l'impact est considérée faible. En raison de l'étendue locale, la durée temporaire des travaux de sismique et de la valeur moyenne attribuée à cet élément, l'importance de l'impact sur la flore et la faune de la zone de prospection sismique est jugée *faible à très faible*.

- **Milieu socioéconomique**

Impact sur les points d'eau

Deux puits, dont l'un est actuellement exploité par PERENCO et une source d'eau existent dans la zone de prospection sismique. Tous les tirs sismiques au voisinage de ces derniers respecteront les distances de sécurité de l'IAGC pour les sources explosives. L'intensité de l'impact est, par conséquent, considérée faible. Tenant compte de la forte valeur environnementale de cet élément, l'importance de l'impact est jugée *faible à très faible*.

Impact sur le trafic routier

La zone de prospection sismique (zone RIGO + zone PERENCO) est traversée par la route nationale RN 20 reliant Kébili à Regim Maatoug. Les tirs sismiques à proximité de cet axe routier peuvent constituer une gêne pour la circulation et un danger aux usagers de cette voie. Bien que le trafic sur cette voie soit très faible, le contractant doit établir des procédures de sécurité sismique définissant les pratiques à respecter par le personnel pendant les travaux, en particulier au cours des tirs à l'explosif, à savoir :

- la signalisation des travaux par trois panneaux (travaux, limitation de vitesse, rétrécissement de la voie);
- l'alternance de la circulation par deux signaleurs munis de postes émetteurs-récepteurs ;
- le montage sur tous les véhicules (topo, dérouleuse, chef de terrain) de gyrophares et de panneaux "Arrêts fréquents" ;
- l'exigence du port du gilet de signalisation pour le personnel.

Dans le cas où les tirs sismiques sont effectués à proximité de la route, la circulation sera réglementée et la Garde routière sera avertie.

Compte tenu de ce qui précède, l'intensité de l'impact serait faible. Considérant la valeur environnementale moyenne de cet élément du milieu, l'étendue locale et de durée limitée du programme sismique, l'importance de l'impact est jugée *faible à très faible*.

Impact sur les infrastructures

L'infrastructure pétrolière inventoriée dans la zone de prospection sismique est principalement composée d'une installation de production, des puits producteurs et des pipelines appartenant à PERENCO. Tout dommage à ces infrastructures peut engendrer des impacts négatifs importants aussi bien sur le plan environnemental que sur le plan socio-économique.

Les tracés des pipelines feront l'objet d'une cartographie de dangers (Hazard Mapping) qui sera préparée en étroite collaboration avec le contractant de sismique avant le commencement de la campagne sismique afin d'éviter tout dommage potentiel à ces infrastructures. Les distances de sécurité en utilisant les sources explosives sont fournies dans le chapitre suivant. Elles sont considérées comme mesures d'atténuation.

La très faible probabilité d'un tel accident conjuguée à l'imposition de limites de proximité permet d'avoir des facteurs de sécurité suffisants. L'intensité de l'impact est donc faible. Considérant la grande valeur attribuée à cet élément du milieu, la durée limitée de l'impact et son étendue locale, l'importance de l'impact est jugée *faible*.

Impact sur l'hygiène et la sécurité au travail

La présente campagne sismique n'est pas à risque nul pour la sécurité et la santé du personnel qui peut subir les effets des tirs à l'explosif, les piqûres et les morsures d'animaux venimeux, les coups de soleil et même l'égarement. Certaines mesures ont été prises par PERENCO en tant qu'opérateur pour parer aux différentes situations d'urgence telles que :

- l'élaboration de consignes de sécurité et de santé en zones désertiques ;
- l'élaboration d'un plan d'urgence prévoyant les actions à entreprendre pour faire face aux situations accidentelles ;
- l'existence d'un dispositif sanitaire sur place (médecin, secouristes, matériels de soin, médicaments, etc.), de moyens de communication et de transport ;
- l'organisation de séances de formation et de sensibilisation, au démarrage du chantier en matière de sécurité pour chaque équipe de travail ;
- affichage des consignes et balisage des accès.

De surcroit, l'application de la politique Santé et Sécurité au travail du contractant est un élément clé pour garantir un bon état de sécurité et d'hygiène pour le personnel mobilisé. L'intensité de l'impact est ainsi jugée faible. En raison de la durée limitée et des faibles risques engendrés par les différentes opérations de la campagne sismique, de l'étendue locale du projet et de la grande valeur attribuée à la santé et à la sécurité du personnel, l'importance de l'impact est considérée *faible*.

Impact sur l'économie régionale et nationale

Au stade de l'acquisition des données sismiques, le projet permet d'injecter quelques centaines de milliers de dollars dans l'économie tunisienne et d'exploiter les informations relatives à la géophysique et à la géologie de la zone prospectée. Outre les quelques entreprises de la région qui bénéficieront du projet, la campagne sismique procurera environ 6000 jours de travail au profit d'une cinquantaine de personnes de la population locale. En cas d'un développement ultérieur, ceci permettra de renforcer l'autonomie du pays en matière d'énergie et d'améliorer sa balance de paiement et son bilan devise. Bien que l'importance de cet impact soit, à ce stade, positive moyenne à cause de la durée et de l'étendue limitées des bénéfices socioéconomiques, elle serait, toutefois, forte en cas de développement de la zone prospectée.

3.2.2 Matrice de Léopold

C'est un tableau bidimensionnel utilisé pour identifier les interactions entre les activités d'un projet, qui figurent sur un axe et les éléments de l'environnement, qui figurent sur l'autre axe. Avec ce tableau, on peut inscrire les interactions entre les activités et l'environnement dans les différentes cases ou intersections [11].

La compilation des données sur l'étendue et l'intensité des impacts est représentée sur cette matrice. On y retrouve en abscisses les activités prévues et en ordonnées les paramètres de l'environnement. Une ligne diagonale tirée dans une cellule particulière indique qu'un impact est prévu comme conséquence d'une interaction cause à effet entre une activité et un et /ou plusieurs paramètres de l'environnement. Ainsi pour chaque cellule identifiée, une estimation de l'intensité de l'impact (sur une échelle de 1 à 10) est placé dans le coin supérieure gauche, le signe + indique que l'impact est positif, le chiffre de (1 à 10) placé dans le coin inferieure droit indique l'étendue de l'impact.

Pour la signification de l'impact nous considérons les critères suivants :

- Intensité **faible** pou les valeurs de 1 à 3 ;
- Intensité **moyenne** pour les valeurs de 4 à 6 ;
- Intensité **forte** pour les valeurs de 7 à 10.

Le tableau ci dessous représente la méthode d'estimation de l'étendue d'un impact en fonction de sa durée et l'aire de son influence.

Tableau 3: Quantification de l'étendue d'un impact selon sa durée et l'aire de son influence

	Ponctuelle	Locale	Régionale
Temporaire	1	2-3	3-6
Permanente	2-3	5-6	10

31

3.2.2.1 Evaluations des impacts

Chaque interaction identifiée dans la matrice représente un impact du projet. L'évaluation de ces impacts s'effectue en tenant compte de deux critères, soit l'étendue et son intensité. La matrice ci-dessous représente la matrice de Léopold associée à mon projet qui est la prospection sismique 3D au sein du permis Sud Tozeur.

Tableau 4 : Matrice Léopold associée au projet de sismique 3D

Matrice d'impact pour le programme sismique			Activités prévues			
			Mobilisation des équipements	Aménagement du camp de base	Tirs sismiques	Remise en état des lieux
Composantes du projet	Milieu physique	Sols	1 / 2	1 / 2	1 / 2	+1 / 2
		Aquifères	1 / 2	1 / 2	1 / 3	
		Air	1 / 2	1 / 2	1 / 2	
	Milieu biologique	Flore et faune	1 / 2	1 / 3	1 / 2	+2 / 2
	Le Milieu socioéconomique	Trafic routier	1 / 2		1 / 2	+2 / 2
		Infrastructures pétrolières	1 / 2		1 / 2	
		Points d'eau	1 / 2	1 / 2	1 / 2	1 / 2
		Hygiène et sécurité au travail	1 / 2	1 / 2	1 / 2	1 / 2
		Economie régional et national	+5 / 2	+5 / 2	+6 / 3	+5 / 2

3.2.2.2 Interprétation de la matrice de Léopold

- **Milieu physique**

Impact sur le sol

Comme il a été mentionné au cours de l'interprétation de la grille de contrôle (méthode adaptée par FFE), les différentes activités du projet auraient une intensité faible (attribution de la valeur 1). Ces activités auraient une étendue locale (attribution de la valeur 2).

Impact sur les aquifères

Considérant l'énergie de la charge explosive utilisée dans chaque trou, les profondeurs des aquifères et les mesures procédurales prises par l'operateur au cours du forage des upholes, l'intensité de l'impact est jugée faible (attribution de la valeur 1).l'étendue de l'impact des activités est locale (attribution de la valeur 2 à 3).

Impact sur l'air

Le programme d'acquisition sismique engendrera une petite quantité d'émission atmosphérique rapidement dispersées dans une zone désertée de faible étendue (attribution de la valeur 2). L'intensité de l'impact est jugée faible (attribution de la valeur 1).

- **Milieu biologique**

Impact sur le faune et flore

Etant donné que la zone de prospection sismique constitue une partie d'une zone plus vaste représentant presque les mêmes peuplement faunistiques, et en prenant en considération que la perte ou le recul temporaire de la densité des peuplements ne modifie pas l'équilibre écologique de la région, l'intensité est considérée faible (attribution de la valeur 1). L'étendue de l'impact des activités du projet est locale (attribution de la valeur 2 à 3).

- **Milieu socioéconomique**

Les impacts des activités du projet auraient une intensité moyenne (attribution de la valeur 5+à 6+) et une étendue locale (attribution de la valeur 2à 3) sur le trafic routier, les infrastructures pétrolières, les points d'eau et l'hygiène et sécurité au travail. En cas d'un développement ultérieur, ceci permettra de renforcer l'autonomie du pays en matière d'énergie et d'améliorer sa balance de paiement et son bilan devise.

3.2.3. Matrice de type interaction potentielle

C'est une matrice plus développée que les autres matrices précédemment citées. Dans cette matrice on confronte les éléments du milieu avec les paramètres de caractérisation.

En effet, les paramètres de caractérisation sont les suivant :

- Période d'apparition ;
- Nature de l'impact ;
- Interaction ;
- Durée ;
- Intensité ;
- Portée ;
- Importance de l'impact.

Pour la période d'apparition, on doit préciser le moment ou l'impact pourrait avoir lieu.

Concernant la nature de l'impact, il faut préciser si l'impact est positif (+) ou négatif(-).

On doit aussi déterminer la nature d'interaction s'il s'agit d'une interaction directe (D) ou indirecte (I). Il faut préciser aussi si l'impact est de courte (C) ou de longue durée(Lg) et qu'il s'agit d'une portée locale (L) ou régionale (R). Finalement, on termine par la description de l'importance de l'impact s'il s'agit d'un impact mineur (MI) ou moyen (MO).

3.2.3.1 Evaluations des impacts

Le tableau suivant présente la matrice d'interaction potentielle associée au projet de prospection sismique 3D.

Tableau 5 : Matrice de type interaction potentiel

Eléments de milieu	Sources d'impacts	Impacts	Période d'apparition	nature	interaction	durée	intensité	portée	Importance de l'impact
					Paramètres de caractérisation				
Milieu physique — Aquifères	Tirs sismiques	Interférence entre les aquifères	Tr	–	D	C	B	L	MI
Sols	Différentes activités de l'équipe sismique	Erosion localisée	Tr	–	D	C	B	L	MI
Air	Différentes activités de l'équipe sismique	Dégradation de la qualité de l'air	Tr	–	D	C	B	L	MI
Milieu biologique — Flore et faune	L'installation du camp De base	Réduction du couvert végétale Et de la faune associée	Tr	–	D	C	B	L	MI
Milieu socioéconomique — Trafic routier	Tirs sismiques	Gêne de la circulation	Tr	–	D	C	B	L	MI
Infrastructures pétrolières	Tirs sismiques	Dommage de l'infrastructure pétrolière	Tr	–	D	C	B	L	MI
Points d'eau	Tir sismique	Dommage des ouvrages	Tr	–	D	C	B	L	MI
Hygiène et sécurité au travail	Piqures et coups de soleil	Risques pour la santé	Tr	–	D	C	B	L	MI
Economie Régionale et nationale	Campagne sismique	L'exploitation des données géophysique	Tr	+	D	C	Moy	R	Mo

Tr : Travaux

(-): negatif; (+): positif

D: Direct; I: Indirect

C: Courte ; Lg: Longue

B: Basse ; F: Forte ; P: Ponctuel ; Moy : moyenne

L: Local ; R: Régional

MI: Mineur ; MO: Moyenne

3.2.3.2 Interprétation de la matrice d'interaction potentielle

- **Milieu physique**

Impact sur les aquifères

Il ya un risque d'interférence entre les niveaux aquifères par les tirs sismique à l'explosif, cet impact apparait au moment des travaux et il est de nature négative suite à une interaction directe entre l'élément de milieu et les activités du projet. L'interférence potentielle sera de courte durée. L'intensité de l'impact est évaluée comme basse et sa portée est locale. L'importance de l'impact sur les aquifères est jugée mineure.

Impact sur les sols

La circulation des vibrateurs peut causer l'érosion des sols qui apparait au moment des travaux. Cet impact est de nature négative suite à une interaction directe, sa durée est courte, son intensité est basse et sa porté est locale. L'importance de l'impact est jugée mineure.

Impact sur l'air

De faibles quantités d'émissions atmosphériques seraient causées par le programme d'acquisition sismique. Cet impact apparait au moment des travaux et il est de nature négative. L'interaction est considéré directe. L'impact est de courte durée et de portée locale. Son intensité est basse et son importance est jugée mineure.

- **Milieu biologique**

Il y a un risque de la réduction de la couverture végétale et de perturbation de certaines espèces animales inféodées à la végétation de la zone d'étude causés par l'installation du camp de base au moment des travaux .Cet impact est de nature négative, d'interaction directe, de courte durée, de portée locale et de basse intensité. Il est en effet d'une importance mineure.

- **Milieu socioéconomique**

Impact sur le trafic routier

Les tirs sismiques gêneraient la circulation au moment des travaux. Cet impact négatif est de nature négative. L'interaction est directe. La duré est courte, la portée est locale, l'intensité est basse. L'importance de l'impact, est donc mineure.

Impact sur l'infrastructure pétrolière

Les tirs sismiques à l'explosif peuvent endommager l'infrastructure au moment de travail. Cet impact négatif est de portée locale et d'une intensité basse. Son importance est jugée mineure.

Impact sur les points d'eau

Les tirs sismiques à l'explosif peuvent endommager les ouvrages d'eau existants. Cet impact négatif est de portée locale et d'une intensité basse. Son 'importance est jugée mineure.

Impact sur hygiène et sécurité

Le risque sur la santé du personnel est causé principalement par les piqures des scorpions et les mordores des reptiles. Cet impact négatif est de courte durée, son interaction est directe et sa portée est locale. Tenant compte de la basse intensité, l'importance de l'impact est jugée mineure.

Impact sur le plan socio-économique

La campagne sismique injecte des milliers de dinars dans l'économie régionale et nationale au cours des travaux. L'interaction est directe, l'intensité est forte, la durée est courte, la portée est régionale donc l'importance est jugée moyenne.

3.2.4 Check-list

C'est une liste d'évaluation qui consiste à évaluer l'importance de l'impact [11] pour chaque élément du milieu, en indiquant la source de cet impact. Si l'importance de l'impact est faible on associe le symbole (O), si l'importance est moyenne on associe le symbole (O) et si l'importance est forte on associe le symbole (O).

3.2.4.1 Evaluation des impacts

Le tableau suivant présente la Check -List associée au projet de prospection sismique 3D.

Tableau 7 : Evaluation de l'impact

Eléments du milieu	L'impact	Evaluation
Aquifère	Interférence entre les aquifères	O
Sols	Erosion localisée	O
Air	Dégradation de la qualité de l'air	O
Faune et flore	Réduction du couvert végétale et de la faune associée	O
Trafic routière	Gene la circulation	O
Infrastructures pétrolières	Dommage de l'infrastructure pétrolière	O
Hygiène et sécurité	Risques pour la santé	O
Socio-économique	L'exploitation des données géophysique	O

3.3 Comparaison entre les différentes méthodes d'évaluation

3.3.1 Récapitulation de méthodes utilisées

Le tableau ci-dessous récapitule les différentes méthodes d'évaluation environnementale.

Méthodes	Critères d'évaluation d'impact
Grille de contrôle	• Etendue • Intensité • Importance • Degré de perturbation
Matrice Léopold	L'évaluation est faite selon : • Etendue (attribution des valeurs de 1 à 10) • Intensité (attribution des valeurs de 1 à 10)
Matrice d'interaction potentielle	Confrontation des éléments du milieu avec les impacts et les paramètres de caractérisation
Check List	Simple évaluation par attribution des symboles

3.3.2 Avantages et inconvénients de chaque méthode

La grille d'analyse est une méthode simple, facile à comprendre et facile à utiliser. Elle permet une détermination détaillée et précise des différentes impacts du projet de prospection sismique dans les différents stades du projet. Elle peut inclure différents aspect à évaluer.

C'est la méthode utilisée par FFE, elle est bien adaptée aux projets pétroliers.

La matrice de Léopold, comme celle de la matrice d'interaction sont des méthodes d'analyse qui permettent la détermination de l'intensité et l'étendue de chaque impact.

La matrice de Léopold permet de donner une évaluation numérique de l'impact, elle permet de distinguer les impacts les plus importants en leurs associant des valeurs de 1 à 10. Cette méthode assure une analyse des différentes composantes environnementales touchées par les activités du projet, mais elle ne permet pas de différencier l'impact direct et indirect et ne tient pas compte des impacts cumulatifs.

La Matrice d'interaction potentielle est la plus développée que celle de Léopold. Elle permet de déterminer comment chaque activité pourrait affecter chaque élément du milieu en précisant la source de chaque impact.

Cette matrice est utilisée pour les études effectuées sur des grands projets puisqu'elle ne présente pas d'inconvénients majeurs.

La matrice de Léopold ainsi que la matrice d'interaction potentielle et la grille d'analyse permettent de différencier les impacts à court terme ou temporaire et les impacts à long terme.

La méthode Check List est facile à utiliser, mais elle ne décrit pas suffisamment les interactions entre les éléments du milieu et les différentes activités du projet et elle ne tient pas compte de l'étendue, de l'importance et de l'aspect spatiotemporel des impacts.

CONCLUSION

Les projets pétroliers entrainent généralement des impacts sur l'environnement. Il s'avère donc important d'identifier et d'évaluer les impacts et de proposer des mesures d'atténuation. C'est pour cela, l'étude d'impact sur l'environnement est une obligation avant la réalisation de ces projets. L'objectif d'une évaluation de l'impact sur l'environnement est de fournir de l'information sur les effets, les risques et les conséquences sur l'environnement, des choix et des propositions de développement, et par conséquent de faciliter une prise de décision appropriée et intégrée, dans laquelle la prise en compte de l'environnement est explicitement incluse.

Il existe plusieurs méthodes d'évaluation parmi lesquelles nous avons essayé:

- La grille de contrôle : c'est une méthode d'évaluation des impacts en fonction de leur intensité, duré, étendue et leur importance. Elle est utilisée par FFE ;
- La matrice de Léopold : C'est un tableau bidimensionnel utilisé pour identifier numériquement les interactions entre les activités d'un projet, qui figurent sur un axe et les éléments de l'environnement, qui figurent sur l'autre axe ;
- La matrice d'interaction : C'est une matrice assez développée qui confronte les éléments du milieu avec les paramètres de caractérisation.
- La check liste : C'est une liste d'évaluation peu développée qui consiste à évaluer l'importance de l'impact pour chaque élément du milieu, en indiquant la source de l'impact.

Suite à mon stage, j'ai pris connaissance de l'existence non seulement de plusieurs types de méthodes, mais également de plusieurs façons à leur utilisation. En effet, quelque soit la méthode utilisée, l'importance de l'impact à été toujours évaluée d'un ordre de grandeur très proche.

La méthode la plus adéquate pour l'évaluation des projets pétroliers est la grille de contrôle utilisée par FFE. C'est la méthode la plus développée, elle permet de déterminer comment chaque activité pourrait affecter chaque élément du milieu en précisant la source de chaque impact. Elle permet de déterminer les différents impacts en précisant leur cadre spatio temporel.

REFERENCES BIBLIOGRAPHIQUE

[1] Laurent .G, Aspect contemporains du droit de l'environnement en Afrique de l'est et centrale, UICN, Suisse, 2008.

[2] Patrick.M, L'étude d'impact sur l'environnement, BCEOM, Ministère de l'aménagement du territoire et de l'environnement, 2001, p. 6.

[3] General Assembly, rapport de la conférence des Nations unis sur l'environnement et le développement. Rio de Janeiro, 3-14 juin 1992.

[4] L'Office National d'Assainissement (ONAS). http://www.onas.nat.tn

[5] L'agence National de Protection de l'Environnement. http://www.anpe.nat.tn/ .

[6] L'Agence de Protection et d'Aménagement du Littoral (APAL). http://www.apal.nat.tn

[7] Le centre International des technologies de l'Environnement de Tunis (CITET). http://www.citet.nat.tn/.

[8] L'Agence Nationale de Gestion des Déchets (ANGeD). http://www.anged.nat.tn/.

[9] Jort n°057 du 19/07/2005.

[10] Etude sismique 3D de permis Sud de Tozeur. FNAC FOR ENVIRONMENT.

[11] Pierre. A, Jean-Pierre. R, Claude E. D, L'évaluation des Impacts Sur L'environnement : Processus, acteurs et pratiques pour un développement durable. 3^{éme} édition, Québec, 2010, p 250-255.

www.ingramcontent.com/pod-product-compliance
Lightning Source LLC
Chambersburg PA
CBHW021611210326
41599CB00010B/706